AF322229

38322

# SECONDE EXPOSITION PUBLIQUE

## DES PRODUITS

## DE L'INDUSTRIE FRANÇAISE.

———

# PROCÈS-VERBAL

*Des opérations du Jury nommé par le Ministre de l'intérieur pour examiner les Produits de l'Industrie française mis à l'Exposition des jours complémentaires de la neuvième année de la République.*

IMPRIMÉ

Par ordre du Citoyen CHAPTAL, Ministre de l'intérieur.

AN 9.

———

A PARIS,

DE L'IMPRIMERIE DE LA RÉPUBLIQUE.

Vendémiaire an 10.

# SECONDE
# EXPOSITION PUBLIQUE
## DES PRODUITS
## DE L'INDUSTRIE FRANÇAISE.

*ARRÊTÉ des Consuls de la République, qui établit chaque année, à Paris, une exposition publique des Produits de l'Industrie française.*

Paris, le 13 Ventôse an 9.

LES CONSULS DE LA RÉPUBLIQUE, sur le rapport du Ministre de l'intérieur, ARRÊTENT:

ART. I.er Il y aura, chaque année, à Paris, une exposition publique des produits de l'Industrie française, pendant les cinq jours complémentaires. Cette exposition fera partie de la fête destinée à célébrer l'anniversaire de la fondation de la République.

II. Tous les Manufacturiers et Artistes français qui voudront concourir à cette exposition, seront tenus de se faire inscrire, avant le 15 messidor, au secrétariat général de la préfecture de leur département, et d'y remettre des échantillons ou modèles des objets d'art qu'ils desireront exposer.

III. Les produits des découvertes nouvelles, et les objets d'une exécution achevée, si la fabrication en est connue, pourront seuls faire partie de l'exposition. Ces produits et ces objets ne seront admis qu'après un examen préalable, et sur le certificat d'un jury

A 2

particulier de cinq membres, nommés à cet effet par le Préfet de chaque département.

IV. Les opérations de ce jury seront terminées au 1.er thermidor, et les Préfets feront publier et afficher les noms des manufacturiers et artistes de leurs arrondissemens respectifs, dont les productions auront été jugées dignes d'être présentées au concours général qui aura lieu à Paris : ils indiqueront l'espèce et la qualité de ces productions.

V. Les objets dont les jurys de département auront prononcé l'admission, seront examinés par un nouveau jury composé de quinze membres nommés par le Ministre de l'intérieur. Ce jury désignera les douze manufacturiers ou artistes dont les productions lui auront paru devoir être préférées à celles de leurs concurrens ; il indiquera, en outre, les vingt autres manufacturiers ou artistes qui auront mérité, par leurs travaux et leurs efforts, d'être mentionnés honorablement.

VI. Les citoyens désignés par le jury seront présentés au Gouvernement par le Ministre de l'intérieur.

VII. Un échantillon de chacune des productions désignées par le jury, sera déposé au Conservatoire des arts et métiers, avec une inscription particulière qui rappellera le nom de l'artiste qui en sera l'auteur.

VIII. Le procès-verbal contenant le choix motivé du jury, sera transmis à tous les Préfets, qui en donneront connaissance à leurs administrés.

IX. Le Ministre de l'intérieur est chargé de l'exécution du présent arrêté, qui sera inséré au Bulletin des lois.

*Le premier Consul,* signé BONAPARTE. Par le premier Consul, *le Secrétaire d'état,* signé HUGUES B. MARET.

Pour copie conforme :

*Le Ministre de l'intérieur,* signé CHAPTAL.

# PROCÈS-VERBAL

*Des opérations du Jury nommé par le Ministre de l'intérieur pour examiner les Produits de l'Industrie française mis à l'Exposition des jours complémentaires de la neuvième année de la République.*

LE deuxième jour complémentaire de la neuvième année de la République française, les Citoyens

BARDEL, membre du bureau consultatif des arts et manufactures,

BERTHOLLET, membre de l'institut national,

BERTHOUD (Ferdinand), membre de l'institut national,

BONJOUR, commissaire des salines,

BOSC, membre du tribunat,

COSTAZ, membre du tribunat,

GUYTON-MORVEAU, membre de l'institut national,

MÉRIMÉ, peintre, professeur de dessin à l'école poly-technique,

MOLARD, démonstrateur au conservatoire des arts et métiers,

MONTGOLFIER, démonstrateur au conservatoire des arts et métiers,

PÉRIER, membre de l'institut national,

PERIER ( Scipion ), membre du bureau consultatif des arts et manufactures,

A 3

Prony, membre de l'institut national,

Raymond, membre de l'institut national, architecte du palais des sciences et arts,

Vincent, membre de l'institut national,

se réunirent à dix heures du matin dans la salle du palais des sciences et arts qui servait d'entrepôt aux productions de l'industrie française, pour y procéder, conformément à la lettre du 11 fructidor an 9 du ministre de l'intérieur, à l'examen de ces productions et désigner celles qui lui paraîtraient mériter la préférence et les distinctions du Gouvernement. Il devait être distribué douze médailles d'or, vingt d'argent, et trente de bronze.

Le jury a procédé à l'examen dont il était chargé pendant les quatre derniers jours complémentaires; les objets qui n'étaient pas susceptibles de déplacement, ont été examinés dans les portiques mêmes où ils étaient exposés à la curiosité du public; et, afin que cette opération pût se faire sans trouble, le public n'était admis dans l'intérieur du palais qu'à midi.

Les objets susceptibles de déplacement ont été successivement transportés dans la salle d'assemblée du jury. Là tous les objets analogues furent rapprochés et comparés sous tous les rapports.

Le premier vendémiaire an 10, les résultats de toutes ces comparaisons furent discutés dans une assemblée générale du jury, et arrêtés ainsi qu'il suit :

*RÉSULTATS de l'examen des Produits de l'Industrie française exposés au Palais des sciences et arts pendant les jours complémentaires de la neuvième année de la République.*

PARMI les artistes et fabricans qui ont mis leurs productions à l'exposition de l'an 9, il y en avait plusieurs de ceux qui furent proclamés à la première exposition qui eut lieu l'an 6, sous le second ministère de François ( de Neufchâteau ). Le jury de l'an 9 n'a pas fait concourir ces artistes avec ceux qui paraissaient pour la première fois. Il a remarqué avec satisfaction que leur industrie s'était perfectionnée dans l'intervalle de trois années qui sépare les deux époques. Il se fait un devoir de rappeler leurs titres anciens et de faire connaître ceux qu'ils ont acquis depuis l'an 6. Il invite le Gouvernement à leur faire donner des médailles.

## MÉDAILLES D'OR.

DE douze fabricans ou artistes qui obtinrent la distinction du premier ordre à l'exposition de l'an 6, sept se sont présentés à celle de l'an 9. Le jury les juge dignes de la médaille d'or.

Ce sont les Citoyens

PIERRE DIDOT l'aîné, imprimeur, au palais des sciences et arts.

FIRMIN DIDOT, rue Thionville, n.º 1850, à Paris.

Ces deux frères sont connus de toute l'Europe par la

perfection qu'ils ont portée dans l'art typographique. Ils exposèrent en l'an 6 leur Virgile *in-folio* et les planches stéréotypes d'une édition *in-12* des Œuvres de Virgile et de celles de la Fontaine.

Ils ont produit à l'exposition de l'an 9 un Horace *in-folio* et le premier volume d'une édition *in-folio* des Œuvres de Racine : ces deux livres sont regardés comme les plus belles productions de la typographie de tous les pays et de tous les âges.

L**ENOIR**, fabricant d'instrumens de mathématiques, rue de la place Vendôme, au dépôt des cartes de la marine, à Paris.

Il exposa en l'an 6 divers instrumens de mathématiques et d'astronomie remarquables par leur précision et l'exactitude de leur construction. Depuis cette époque, il a construit des cercles répétiteurs très-portatifs que la modicité de leur prix met à la portée du commun des arpenteurs. Il a perfectionné l'instrument à étalonner qu'il construisit pour la détermination du mètre définitif. Il a fait un thermomètre métallique et un baromètre d'une grande précision.

Le C.<sup>en</sup> *Lenoir* est un artiste de la plus haute distinction ; c'est depuis lui principalement que les instrumens astronomiques de construction française ont eu de la réputation chez l'étranger.

H**ERHAN**, rue de Lille, n.° 703, à Paris.

Ses travaux sur le stéréotypage le firent placer en l'an 6 au nombre des artistes les plus distingués. Depuis, il a beaucoup avancé cet art. Il est parvenu à frapper à froid des matrices mobiles en cuivre, dont chaque caractère est coupé dans un prisme quadrangulaire tiré à la filière. Les machines qu'il a imaginées pour remplir ces deux objets sont extrêmement ingénieuses.

Il a exposé une édition stéréotype *in-12* de Salluste et une page grand *in-folio* exécutée par ses nouveaux procédés.

CONTÉ, fabricant de crayons, ayant un dépôt chez le C.ᵉⁿ *Havault,* rue de la Loi, n.º 889,

Fabrique des crayons artificiels dont la réputation s'accroît tous les jours. Cette découverte a donné à la France une branche de commerce dont elle était absolument privée.

DESARNOD, rue neuve des Mathurins, n.º 844, à Paris,

A présenté à l'exposition de l'an 9 plusieurs modèles de cheminées économiques encore plus parfaites que celles qui lui valurent la distinction qu'il obtint en l'an 6.

DEHARME et DUBAUX, rue de la Madeleine, à Paris,

Ont perfectionné, depuis l'an 6, l'art de vernir les tôles, pour lequel le jury de l'an 6 les jugea dignes d'être mis au nombre des douze artistes les plus distingués.

DENYS (Julien), de Luat, près Saint-Brice, département de Seine-et-Oise,

Exposa en l'an 6 des échantillons de cotons filés, portés successivement jusqu'au n.º 110.

Il a présenté à l'exposition de l'an 9 des échantillons de tous les n.ᵒˢ jusqu'à 232.

Les fabricans et artistes auxquels le jury a décerné les douze médailles d'or de l'exposition de l'an 9, sont les Citoyens

SOLAGES et BOSSUT, rue de l'Université, n.ᵒ 290, à Paris.

Ces citoyens ont présenté le modèle d'une nouvelle écluse, au moyen de laquelle la dépense d'eau pour le passage d'un bateau n'est que la cent vingtième partie de celle qu'exige le service des écluses ordinaires.

Cette invention est d'un grand intérêt pour le commerce, à raison de la facilité qu'elle donne d'établir un système de navigation intérieure par petits canaux.

Le jury leur a décerné une médaille d'or.

SOLLER, GUENTZ, GOUVI et compagnie, fabricans à Dilling, département de la Moselle.

Ces fabricans ont présenté des scies, des limes et divers autres objets de quincaillerie utile, que la France a tirés jusqu'ici de l'étranger. Ces objets sont fabriqués à Dilling, où l'on traite la matière depuis l'état de *minerai* jusqu'aux dernières main-d'œuvres. Cette compagnie vend à meilleur marché que les fabriques allemandes du même genre.

Le jury lui décerne une médaille d'or.

UTZSCHNEIDER et compagnie, fabricant de poterie à Sarguemines, département de la Moselle.

## MERLIN-HALL, fabricant de poterie à Montereau, département de Seine-et-Marne.

Les poteries présentées par ces deux fabricans, ont été jugées également dignes de la distinction du premier ordre.

La pâte du C.<sup>en</sup> *Utzschneider* réunit la légéreté et la solidité à une blancheur parfaite ; sa couverte est dure et brillante ; elle a résisté sans altération à de fortes épreuves ; elle n'a point la teinte verdâtre qu'on reproche généralement aux faïences anglaises. Enfin, par la modicité de son prix, cette poterie est à la portée d'un grand nombre de consommateurs.

Le C.<sup>en</sup> *Merlin-Hall* a soumis à l'examen du jury plusieurs morceaux en platerie et en creux, d'une très-belle fabrication. Sa poterie est de la plus grande légéreté, brillante et d'une nuance recherchée dans le commerce ; elle a résisté aux épreuves qu'on lui a fait subir : néanmoins elle est moins cuite que celle du C.<sup>en</sup> *Utzschneider.* Sa couverte paraît plus tendre et plus facilement attaquable par les agens destructeurs : mais elle compense ce désavantage par d'autres qualités ; ses formes sont en général mieux choisies. Quelques-unes des pièces présentées sont du plus grand échantillon, et peuvent passer pour des chefs-d'œuvre.

D'après ces considérations, le jury n'a pu se déterminer à assigner, entre ces deux fabricans, une différence de mérite ; il leur a décerné une médaille d'or, laissant au sort le soin d'indiquer celui à qui elle sera remise.

A 6

FAULLER, KEMPFF et MUNTZER, fabricans de maroquins à Choisy-sur-Seine, ayant leur dépôt à Paris, rue Grenier-S.ᵗ-Lazare, sous la raison *Peremans* et compagnie.

Ces citoyens fabriquent des maroquins en toutes couleurs. Un porte-feuille que l'un de nous fit fabriquer l'année dernière au Kaire avec le plus beau maroquin du Levant qu'il fut possible de trouver dans cette ville, a été rapproché des maroquins de Choisy ; ceux-ci ont été jugés supérieurs. Ils ont soutenu avec le même avantage le parallèle des maroquins préparés en Europe.

Ce genre d'industrie manquait à la France ; les C.ᵉⁿˢ *Fauller, Kempff et Muntzer* l'y ont établi. Le jury leur décerne une médaille d'or.

MONTGOLFIER, fabricant de papier à Annonay.

Ce fabricant, dont la réputation est depuis long-temps établie en France et dans les autres états de l'Europe, a présenté des papiers vélins de diverses grandeurs, et notamment des échantillons de celui employé par *Didot* dans l'édition de *Racine*. Ces papiers sont de la plus grande beauté.

Le jury a décerné au C.ᵉⁿ *Montgolfier* une médaille d'or.

DÉCRÉTOT, fabricant de draps à Louviers, département de l'Eure, ayant son dépôt place des Victoires, n.ᵒˢ 2 et 18, à Paris.

Ce nom, célèbre dans le commerce, soutient parfaitement sa réputation à l'exposition de l'an 9.

La fabrique *Décrétot* a présenté des draps de vigogne, des draps de laine d'Espagne, des draps faits avec de la laine du troupeau de Rambouillet, des draps de laine française, améliorée par l'alliance des mérinos, et un drap précieux de pinne-marine.

Le jury a décerné à cette fabrique une médaille d'or.

TERNAUX frères, manufacturiers à Louviers, Sedan, Reims et Ensival, demeurant à Paris, place des Victoires, n.° 17.

La fabrication de ces citoyens est la base d'un commerce très-étendu ; elle est variée depuis les espèces communes jusqu'aux plus fines.

Les membres du jury ont trouvé les casimirs présentés au concours, supérieurs à tous ceux qu'ils ont vus jusqu'ici dans le commerce. La pièce jugée la plus belle, a été fabriquée à Sedan par les frères *Ternaux*. Ces manufacturiers ont en outre exposé des draps superfins très-beaux ; ils sont chefs de quatre établissemens considérables, où ils entretiennent de quatre à cinq mille ouvriers.

Le jury leur a décerné une médaille d'or.

DELAÎTRE, NOËL et compagnie, entrepreneurs d'une filature de coton, à l'Épine, près d'Arpajon, département de Seine-et-Oise.

Ces fabricans ont présenté à l'exposition de l'an 9 des cotons filés à la filature continue jusqu'au n.° 160, et des cardes à coton qu'ils font fabriquer dans leur établissement. Ces objets ont été jugés d'un très-beau travail.

La filature de l'Épine est une des plus anciennes de France ; ses fils ont servi à fabriquer la plus belle bonneterie présentée aux expositions de l'an 6 et de l'an 9 ;

cent jeunes filles des hospices de Paris y sont élevées et formées au travail.

Le jury a décerné aux C.<sup>ens</sup> *Delaître*, *Noël* et compagnie, une médaille d'or.

## BAUWENS, fabricant à Passy.

Ce citoyen a présenté des cotons filés au mul-jennie, depuis les plus bas numéros jusqu'au 250, des basins, des piqués, des mousselinettes et autres étoffes de coton.

Le jury a remarqué dans tous ces objets une grande perfection ; les basins, piqués et mousselinettes lui ont paru capables de rivaliser avec ce que l'industrie des autres peuples offre de plus beau dans ce genre.

Le jury a décerné au C.<sup>en</sup> *Bauwens* une médaille d'or.

## GODET et DELÉPINE, manufacturiers à Rouen.

Ces fabricans ont présenté des velours pleins et des demi-velours en coton, de la plus grande beauté, et supérieurs à tous ceux du commerce.

Le jury leur a décerné une médaille d'or.

## MORGAN et DELAHAYE, fabricans à Amiens.

Ces citoyens ont présenté diverses sortes de velours en coton, très-bien fabriqués. Dans les temps les plus difficiles, ces fabricans n'ont pas cessé de donner du travail à leurs ouvriers.

Le jury leur a décerné une médaille d'or.

## LIGNEREUX, fabricant de meubles, rue Vivienne, à Paris.

JACOB frères, fabricans de meubles, rue Mêlée,
n.º 77, à Paris.

Les meubles du C.ᵉⁿ *Lignereux* ont paru remarquables
par l'élégance et la richesse, par l'accord de toutes les
parties, par le choix de formes appropriées à la destina-
tion de chaque chose, enfin par l'exactitude et le fini du
travail extérieur et intérieur. Ceux des C.ᵉⁿˢ *Jacob* sont
également recommandables dans un genre différent : leur
style est d'un plus grand caractère ; les détails les plus
difficiles de la sculpture y sont traités avec perfection.

Les artistes qui excellent dans une industrie portée
aujourd'hui à un point de perfection dont il n'y a jamais
eu d'exemple, méritent la récompense du premier ordre ;
le jury, embarrassé de choisir entre deux genres de talens
si distingués, laisse au sort le soin de déterminer celui
des deux à qui la médaille d'or sera remise.

## MÉDAILLES D'ARGENT.

DE treize fabricans ou artistes qui obtinrent la distinction du second ordre à l'exposition de l'an 6, huit ont
reparu à celle de l'an 9. Les objets qu'ils ont présentés,
prouvent que leur industrie s'est perfectionnée. Le jury
les juge dignes de la médaille d'argent.

Ce sont les Citoyens

RAOUL, fabricant de limes, place Thionville,
n.º 28, à Paris.

Ce citoyen présenta en l'an 6 des limes d'une excel-
lente qualité. Depuis il a étendu sa fabrication, et la

réputation de ses limes s'est de plus en plus affermie. Dans une expérience publique, faite au Lycée des arts le quatrième jour complémentaire de l'an 9, les limes du C.<sup>en</sup> *Raoul* ont attaqué des aciers trempés qui avaient fait blanchir les meilleures limes étrangères. Le Lycée avait invité à cette expérience tous les ouvriers et artistes de Paris qui se servent de la lime ; et c'est par eux qu'a été faite l'épreuve comparative des limes.

SALNEUVE, mécanicien, rue et faubourg Denis, n.° 26, à Paris.

Cet artiste taille, au moyen d'une seule machine, les pas de vis de toutes les dimensions ; il présenta à l'exposition de l'an 6 une forte vis de balancier et une presse à timbre sec : il a présenté à celle de l'an 9 plusieurs presses et découpoirs et une vis de huit centimètres et demi de rayon, à filets carrés.

LEPETIT-WALLE, fabricant, enclos des Quinze-vingts, à Paris,

A exposé des rasoirs fins et des nécessaires à barbe, parfaitement combinés et exécutés.

PERRIN, fabricant, rue Mouffetard, n.° 410, à Paris,

Fabrique des toiles métalliques, depuis les plus fines employées à la fabrication du papier vélin, jusqu'aux plus grossières.

BOUVIER, fondeur, enclos de la Cité, n.º 5, à Paris.

Cet artiste a exposé, aux deux époques, des filigranes fondus. Ceux qu'il a présentés en l'an 9, sont d'une exécution plus difficile, et néanmoins plus parfaite que ceux de l'an 6.

PLUMER, DONNET et VANIER, fabricans à Pont-Audemer, département de l'Eure.

Ces fabricans ont exposé, aux deux époques, des cuirs parfaitement tannés et corroyés pour souliers, pour tiges de bottes et pour la sellerie. Cette fabrique jouit depuis long-temps d'une réputation méritée; ses propriétaires travaillent sans cesse à la rendre de plus en plus digne de la faveur du public.

CAHOURS père et fils, manufacturiers à Rentigny, département de l'Oise; à Vallançay, département de l'Indre; à Paris, rue Planche-Mibray, n.º 3.

Ces citoyens ont exposé, en l'an 6 et en l'an 9, des échantillons de bonneterie en coton qui, soit par la finesse, soit par l'égalité du tricot, sont comparables aux plus belles bonneteries que les nations étrangères versent dans le commerce. Les C.ens *Cahours* emploient les fils de la filature de *l'Épine*. On a remarqué que leur industrie a fait des progrès depuis l'an 6.

DETREY aîné, fabricant à Besançon.

Il présenta à l'exposition de l'an 6 des échantillons de bonneterie en fil; il en a présenté de nouveaux, que le jury a trouvés très-bien fabriqués. Il y a joint des bas faits avec de l'étame retirée d'une partie de laine de Rambouillet qui lui fut remise par feu *Gilbert*, de l'institut national. Ces bas sont très-beaux et d'une grande finesse. Le C.<sup>en</sup> *Detrey* a offert la communication du procédé par lequel il retire l'étame de la laine des mérinos.

Les fabricans et artistes auxquels le jury a décerné les vingt médailles d'argent de l'exposition de de l'an 9, sont les Citoyens

SCHEY, rue faubourg Denis, n.° 48.

Pour avoir fait des flambeaux d'acier d'un travail exquis et établi une manufacture de quincaillerie d'acier poli, dont les produits sont très-beaux et sont l'objet d'un commerce avantageux.

ROBERT ( François ), horloger à Besançon.

Pour avoir concouru à soutenir la manufacture d'horlogerie de Besançon, en faisant beaucoup travailler.

Pour avoir produit de bonnes montres à bas prix.

BOUTET, directeur de la manufacture d'armes de Versailles.

Pour avoir formé cette belle manufacture au compte du Gouvernement, et pour l'avoir maintenue dans sa splendeur depuis qu'elle est à son compte particulier.

SMITH, CUCHET et MONTFORT, rue de Beaune, n.° 625, à Paris.

Pour avoir fait des fontaines filtrantes qui rendent, en

peu de minutes, potable et agréable l'eau infectée par la présence et par la dissolution des substances putréfiées les plus fétides.

## RUSSINGER, rue Grange-aux-Belles, à Paris.

Pour avoir établi une manufacture où l'on fabrique des creusets et des cornues, façon de Hesse, éprouvés et adoptés comme excellens dans les principaux laboratoires de Paris.

## FOURMY, rue Pépinière, n.° 650, à Paris.

Pour avoir fabriqué des grès-porcelaines qui, chauffés au rouge, reçoivent sans altération l'impression subite de l'eau froide, et qui peuvent fournir des vases propres à la cuisine sans danger pour la santé.

## Les ADMINISTRATEURS des établissemens du Creuzot et de Mont-Cenis.

Pour la beauté de leurs cristaux, pour les grandes dimensions, le bon goût et les belles formes de leurs vases, pour leurs tôles et cuivres laminés, pour leur fonderie.

## DESCROISILLES frères, à Rouen.

Pour avoir établi à Rouen la plus belle blanchisserie bertholienne de France.

Ces citoyens ont mis à l'exposition des objets tissus et filés d'un blanc admirable, dont la ténacité n'a été en aucune manière altérée par le blanchîment.

## PAVIE, teinturier à Rouen.

Pour la beauté de son rouge incarnat sur coton.

**BONVALLET**, fabricant à Amiens.

Pour avoir inventé une machine qui imprime en plusieurs couleurs 230 mètres de toile ou de velours de coton en une heure.

Pour avoir inventé une manière d'imprimer sur étoffes de laine des fleurs qui imitent la broderie.

**JOHANNOT**, fabricant à Annonay.

Pour avoir fabriqué des papiers vélin et serpente, d'une beauté qui les a mis en concurrence avec ceux qui ont obtenu la médaille d'or.

**DELARUE**, fabricant de draps à Louviers.

Pour avoir fabriqué des draps superfins de la plus grande beauté, qui ont concouru pour la médaille d'or.

**PETOU**, fabricant de draps à Louviers.

Pour avoir présenté une pièce de casimir de la plus grande beauté, et qui a concouru pour la médaille d'or.

**LEFÈVRE**, de Paris.

Pour avoir fait fabriquer du bon drap par les aveugles des Quinze-vingts ; pour avoir fait filer par les mêmes de la laine au n.° 25. Cette filature a été trouvée très-bonne et très-égale.

**PICTET**, fabricant à Genève.

Pour avoir fabriqué en laine et soie des schalls très-fins et d'un effet très-agréable ;

Pour avoir entrepris l'amélioration des laines dans le

département du Léman, et pour avoir fait des observations utiles et intéressantes sur la race des mérinos.

**RICHARD et NOIR-DUFRÊNE**, manufacturiers à Alençon ; et à Paris, faubourg Saint-Antoine, rue Charonne.

Pour avoir présenté des cotons fort bien filés au mul-jennie, et des basins, des piqués et des mousselinettes parfaitement fabriqués.

**SEVENNES frères**, manufacturiers à Rouen.

Pour avoir présenté des velours de coton très-bien fabriqués et fort beaux, eu égard à leur prix. Ces velours ont concouru pour la médaille d'or.

Les mêmes ont présenté de beaux basins et piqués de leur fabrication. Ils ont mis sous les yeux des membres du jury un procès-verbal dressé à Rouen, constatant que ces piqués ont été fabriqués avec deux navettes volantes marchant ensemble d'un même coup de main.

**PATUROT**, de Troyes.

**GATTELIER**, de Troyes.

**BASSAL et JANSON**, de Claire-Fontaine.

La manufacture de **GRILLON** près Dourdan.

Pour avoir présenté des piqués et des basins également bien fabriqués. Le sort décidera à qui des quatre sera remise la médaille d'argent.

PIRANESI frères, rue de l'Université, n.º 296, à Paris.

Pour avoir formé à Paris un établissement de calcographie, qui doit fournir de l'occupation à beaucoup d'artistes, et assure à la France une branche intéressante d'industrie.

JOUVET, rotonde du Temple, arcade n.º 26, à Paris.

Pour avoir imaginé une nouvelle marqueterie en métaux sur bois, et pour avoir présenté des échantillons de meubles décorés d'une manière très-agréable par ce nouvel art.

## MÉDAILLES DE BRONZE.

LE nombre des médailles d'argent étant limité, le jury regrette de n'en pouvoir décerner à des artistes extrêmement méritans; mais c'est la distinction qui importe, et non la valeur intrinsèque de son signe.

Les fabricans et artistes auxquels le jury a décerné les trente médailles de bronze, sont les citoyens,

PICOT, d'Abbeville,

Inventeur d'une pompe à incendie très-portative et très-économique.

OLLIVIER, graveur, rue Thibautodé, n.º 9, à Paris,

Inventeur d'un procédé pour graver la musique en caractères mobiles.

Dumas, aciériste à Caumont, département de l'Eure.

Pour avoir fabriqué des aciers cémentés d'un grain égal et d'une bonne qualité.

Jeker, mécanicien, rue des Marmousets, n.° 42, à Paris,

Artiste très-habile dans la construction des instrumens usuels de précision.

Cala, rue Faubourg-Poissonnière, n.° 28, à Paris,

Très-habile constructeur de modèles de machines; ayant de plus fabriqué des tissus en bois colorés ou mêlés soie et bois employés dans le commerce des modes.

Delamotte, mécanicien, rue Neuve-des-Mathu-rins, n.° 844, à Paris, ancien directeur de la fonderie d'Indret.

Pour avoir présenté un beau modèle de machine à vapeur, à double injection; pour avoir construit au Creuzot des laminoirs à tôle.

Olive ( Joseph ),

Maquenchen ( Pierre ),

Maquenchen ( Samson ),

Frevin ( Pierre-Étienne ),

Tous quatre établis à Escarbotin près Abbeville, ayant fait en commun des serrures très-bien travaillées;

Et les ouvriers établis dans la contrée dite *le Vimeux,*

département de la Somme, ayant fait, sous la direction du C.<sup>en</sup> *Deschasseaux*, des platines de fusil du modèle de 77 très-bien exécutées.

Pour tous ces objets, le jury décerne une médaille de bronze, laissant au sort le soin de désigner celui à qui elle sera remise.

### ROCHET, d'Audincourt, département du Haut-Rhin.

Pour avoir fabriqué des tôles d'un laminage bien égal.

### LETIXERAND, de Sierk, département du Haut-Rhin.

Pour avoir fabriqué des alènes et des poinçons, objets qu'on a tirés jusqu'ici de l'étranger.

### JACQUART, de Lyon.

Inventeur d'un mécanisme qui supprime dans la fabrication des étoffes brochées, l'ouvrier appelé *tireur de lacs*.

### LUTTON, PERDU et PITOIN, rue du Petit-Carreau, n.º 34, à Paris.

Pour avoir perfectionné l'art de la dorure sur cristaux.

### TISSOT, fabricant, petite rue de Reuilli, n.º 8, faubourg Antoine, à Paris.

Pour avoir mis en activité et perfectionné la fabrication des cornes transparentes en feuille, qu'on a tirées jusqu'ici de l'étranger.

### SEGHERS, fabricant, rue du Lorillon au haut du faubourg du Temple, à Paris.

Pour la perfection de ses toiles et taffetas cirés.

Coignet, rue de l'Orient à la Basse-Courtille, à Paris.

Pour avoir fabriqué des creusets de fondeur supérieurs à ceux qu'on faisait avant lui.

Carcel et Carreau, rue de l'Arbre-Sec, à Paris.

Pour avoir perfectionné la lampe à courant d'air, en plaçant dans la partie inférieure du flambeau, un mécanisme qui élève l'huile jusqu'à la mèche.

Payen et Bourlier, fabricans, plaine de Grenelle près Paris.

Pour leur belle fabrique de produits chimiques.

Odent, fabricant de papiers à Courtalin, département de Seine-et-Oise.

Pour avoir fabriqué des papiers pour billets à ordre et lettres de change, qui rendent la contrefaçon des effets de commerce très-difficile.

Grandin, fabricant de draps à Elbeuf.

Pour avoir fabriqué des draps qui soutiennent la réputation justement méritée de sa fabrique.

Trotty, de Craon, département de la Mayenne.

Pour avoir présenté des échantillons de fil de lin écru, d'une belle filature.

Lenfumey-Camusat, de Troyes.

Pour avoir présenté de la belle bonneterie en coton.

COUTAN, manufacturier, place du chevalier du Guet, à Paris.

Pour avoir présenté plusieurs variétés de beaux tricots.

PUJOL, de Saint-Dié, département de Loir-et-Cher.

Pour avoir établi une manufacture de molletons et couvertures de coton d'une bonne fabrication.

GRÉGOIRE, fabricant, rue du Paradis, n.° 20, à Paris.

Inventeur d'un tissu circulaire.

VANDESSEL, CLAUSSE et CHEVASSUT, fabricans à Chantilly.

Pour avoir fabriqué une pièce de dentelle noire sur un dessin varié qui n'avait pas encore été employé pour la dentelle.

ROBERT, successeur d'*Arthur*, rue de la place Vendôme, au coin du boulevard, à Paris.

Pour avoir fabriqué de beaux papiers peints imitant l'étoffe de laine.

JACQUEMARD et BESNARD, successeurs de *Reveillon*, rue Antoine, à Paris.

Pour avoir soutenu la réputation de cette belle manufacture.

ROGIER, fabricant, demeurant à Paris, rue de la Huchette.

Pour avoir remis en activité la fabrication des tapis à Aubusson.

SALLENDROUSE-LAMORNAIS, fabricant, rue des Vieilles-Audriettes, n.º 6, au Marais, à Paris.

Pour le bon goût du dessin de ses tapis.

MENARD, fabricant de vases, rue Charonne, n.º 124, à Paris, ayant son dépôt au Louvre, voûte du Télégraphe.

Pour le bon choix des formes de ses vases de terre cuite.

REVOL, de Lyon.

Pour avoir fabriqué des poteries, dont le vernis n'a aucune qualité nuisible, et des creusets qui résistent très-bien au feu.

## MENTIONS HONORABLES.

LES objets mis à l'exposition, ayant tous été préalablement examinés dans les départemens où ils ont été fabriqués, sont généralement distingués par leurs bonnes qualités. Le jury a décerné les médailles aux articles qui lui ont paru avoir le plus de mérite ; néanmoins, il ne peut passer sous silence plusieurs artistes et fabricans dont il a vu les productions avec un très-grand intérêt. En conséquence, le jury a résolu qu'il serait fait au procès-verbal de ses opérations, mention honorable des Citoyens

TOURNOUX, rue Bleue, n.º 5, à Paris.

Fabricant d'outils en acier, pour assortiment d'horlogerie, comparables, pour l'usage et pour la qualité, aux meilleurs fabriqués chez l'étranger.

TOURNU ( Léonard ), manufacturier à Franciade, ayant un dépôt rue des Aveugles, n.º 554, à Paris.

Pour avoir établi une fabrication de vis à bois en fer, exécutées avec beaucoup de perfection.

REIGNER, membre du Lycée des arts.

Cet artiste a beaucoup travaillé et fait plusieurs instrumens très-ingénieux ; il a présenté une serrure à combinaisons et un thermomètre métallique très - sensible , approuvé par l'institut.

BUSCARLET, tanneur à Saint-Denis.

Auteur d'un procédé très-ingénieux pour fendre les peaux dans toute leur épaisseur.

LEMAIRE, horloger, rue Saint-Martin, n.º 3, à Paris.

Pour une pendule à jeu de flûte et une tabatière à montre et à carillon, très-bien travaillées.

HARTMANN, horloger, rue de Vannes, n.º 9, à Paris.

Pour une pendule à huit cadrans, d'un travail soigné. Elle marque le lever, le coucher du soleil, les phases de la lune, &c.

**BRÉANT**, horloger, rue du Temple, n.º 127, à
Paris.

Pour une pendule à plusieurs cadrans, présentant l'annuaire de la République française.

**BATAILLE**, coutelier à Bordeaux.

A exposé des rasoirs d'un fini précieux et d'une bonne qualité.

**HENRY** et **THIROUIN**, de Paris, rue Beaubourg,
n.º 275.

Pour avoir établi une manufacture où l'on fabrique des boutons métalliques d'un bon goût et d'un beau poli.

**ZEILER-VALLER** et compagnie, entrepreneurs de
la verrerie de Meysental, dite *de Saint-Louis*.
Pour leurs beaux cristaux.

**EBINGRE**, fabricant à Saint-Denis, département
de la Seine.

Pour ses toiles peintes à fond sablé, imprimées par le moyen d'une mécanique de son invention.

**AMFRIE**, **LECOURT** et **GUERIN** frères.

Pour avoir présenté des lingots d'étain retiré des scories de l'affinage du métal de cloches.

**PLUVINET** et **BREANT**.

Pour le même objet.

DUCHET, rue Poliveau, n.º 21 , à Paris.

Pour avoir établi une manufacture de coile-forte de bonne qualité.

DEMOUGÉ et KREUTZER , de Strasbourg.

Pour leur vernis imitant l'émail , le marbre , le jaspe et les pierres de toutes les espèces.

LEROY et ROUY , de Sedan.

Pour la belle fabrication d'une pièce de casimir et d'une pièce de drap superfin faites avec de la laine des mérinos de Rambouillet.

> *Nota.* Les C.<sup>ens</sup> *Huzard* et *Tessier* avaient ordonné que la laine serait laissée pendant deux ans sur quelques animaux. Au bout de ces deux ans, la toison pesait deux fois celle que les mêmes animaux avaient donnée lorsqu'on les tondait chaque année. C'est avec cette laine qu'a été fabriquée la pièce de casimir exposée par les C.<sup>ens</sup> *Leroy* et *Rouy*.

FLAVIGNY et fils , d'Elbeuf.

Pour avoir fabriqué du drap avec la laine de mérinos , provenant d'un troupeau formé dans le département de la Seine-inférieure.

MARTEL et fils, fabricans à Bedarieux , département de l'Hérault ,

Ont exposé des échantillons de draps bien fabriqués et propres à l'habillement des troupes.

CARON, CRÉFIN, fabricans d'Amiens, département de la Somme.

DAVID et LEGRAND, manufacturiers à Reims.

Pour avoir présenté des échantillons de flanelle préférable à celle des fabriques étrangères.

CARTIER, fabricant à Tours, ayant un dépôt rue de la Loi, n.º 315, à Paris,

A exposé de belles étoffes de soie, fabriquées à Tours.

BONTEMS, rue Mêlée, passage de l'Indien, à Paris, ancien fabricant de gaze.

Il s'est fait distinguer par des étoffes de soie et coton, à la fabrication desquelles il emploie les ouvriers gaziers depuis long-temps sans ouvrage.

VATINEL, fabricant, rue de la Tour, marais du Temple, n.º 5, à Paris.

Pour ses basins et piqués.

SIMON, VERRIERE et Jean BIGARD, fabricans à Tarare, département du Rhône,

Pour leurs mousselines.

BUZOT, fabricant à Evreux, département de l'Eure.

Pour ses beaux coutils pour meubles.

COUSIN et compagnie, fabricans à Neufchâtel, département de la Seine-inférieure.

Pour leurs siamoises.

CESBRON frères, MARTIN, GUIMAUDEAU, LAMBERT et MEUNIER, THAREAU-LA-BROSSE, BONNIN, LAMBERT, GRIMAULT, associés.

Pour avoir remis en activité la fabrication des mouchoirs à Chollet, département de Maine-et-Loire.

MESSIAT (Hubert) fils, Denise SONTHONAX et Maurice VARIN, fabricans à Nantua, département de l'Ain,

Pour leurs nankins et nankinets.

GOUNON (Auguste), directeur de la manufacture de toiles à voile d'Agen,

A présenté des échantillons de toile à voile belle et bien fabriquée.

PIHAN père, fabricant à Lieurey, département de l'Eure,

PIHAN fils, faubourg Saint-Martin, passage du Desir, à Paris,

Pour avoir présenté des sangles d'une fabrication perfectionnée.

DASSERAT, ROLAND père et GUICHARD-PORTAL, fabricans au Puy, départem.ᵗ de la Haute-Loire,

Ont présenté des échantillons de dentelles de soie, portées à un degré de perfection qui laisse peu à desirer et qui fait espérer que la fabrique du Puy pourra bientôt rivaliser avec celles des départemens de la France où cette industrie est le plus perfectionnée.

...Le jury avait terminé ses opérations, lorsqu'il a reçu des faux marquées *Lemire* et fabriquées à Moret, département du Jura. Il regrette de ne les avoir pas reçues assez à temps pour leur accorder la distinction que mérite cette fabrication intéressante.

Le jury regrette également de n'avoir pas eu à temps les roues à moyeu de bronze envoyées par le C.ᵉⁿ *Moret*, rue de Lille, n.° 648, qui déclare les avoir fait exécuter sur les dessins du général d'artillerie *Eblée*. Elles ont paru mériter beaucoup d'attention, tant sous le rapport de la durée du service, que sous celui de l'économie du bois à moyeu.

## DES MANUFACTURES NATIONALES.

LE jury a reconnu que les manufactures nationales ne sont point déchues de leur ancienne splendeur; leur travail est plus soigné et plus parfait qu'il ne l'était il y a quinze ans.

*La manufacture de porcelaine de SÈVRES*, en conservant les bonnes qualités de sa pâte, a adopté un style plus pur dans ses formes et dans ses dessins. Cette amélioration est due aux soins du directeur actuel, le C.ᵉⁿ *Brogniard*.

*LES GOBELINS* ont actuellement sur le métier des ouvrages d'une perfection dont il n'existe pas d'exemple dans l'histoire de cette manufacture. Le C.ᵉⁿ *Guillaumot*, administrateur aussi zélé qu'habile des Gobelins, a fait beaucoup d'améliorations dans les moyens mécaniques du travail.

*Le C.ᵉⁿ* DUVIVIER, directeur de la *SAVONNERIE*,

répond parfaitement à la confiance du Gouvernement. La fabrication des tapis est très-soignée ; l'estime dont ils jouissent recevra beaucoup d'accroissement, lorsqu'on aura remis à la manufacture les nouveaux dessins que le ministre de l'intérieur a commandés pour elle.

*La manufacture des tapisseries et tapis de BEAUVAIS,* est en activité sous la direction du C.ᵉⁿ *Huet.* Elle présente des résultats très-satisfaisans, auxquels a beaucoup contribué le C.ᵉⁿ *Laronde,* artiste envoyé des Gobelins et qui y remplit les fonctions de chef d'atelier.

Nous avons remarqué avec un vif intérêt un portique où le conseil des mines avait réuni des produits fabriqués avec des substances minérales extraites du sol de la République. Les matières premières se trouvaient placées à côté des objets qu'elles ont servi à fabriquer.

Un portique était consacré à l'exposition de draps fabriqués avec des laines du troupeau de *Rambouillet.* Ces laines mises en œuvre par le C.ᵉⁿ *Décrétot,* par le C.ᵉⁿ *Delarue,* de Louviers, et par les C.ᵉⁿˢ *Leroy* et *Rouy,* de Sedan, ont donné d'aussi beaux produits que celles d'Espagne même. Le public a pu s'en convaincre par ses propres yeux.

Le jury saisit cette occasion pour rappeler à la reconnaissance de la France les travaux de feu *Gilbert* et ceux des C.ᵉⁿˢ *Tessier* et *Huzard,* membres de l'institut national, au zèle et à la constance desquels est due l'amélioration désormais assurée de nos laines.

Le jury a distingué divers objets fabriqués dans les hospices d'*Évreux* et du *Puy,* dans les maisons de force de *Bicêtre*, de *S.<sup>t</sup>-Lazare*, de *Gand*, de *Bruxelles*, de *Liège*, de *Vilvorde*; il estime que les directeurs de ces fabrications méritent la reconnaissance publique, et desire que cet usage raisonnable et salutaire devienne général.

APRÈS avoir exposé les résultats de son examen, le jury croit devoir consigner ici des réflexions que cet examen lui a suggérées sur quelques conditions propres à donner des bases plus déterminées aux jugemens des jurys chargés de décerner les prix aux expositions futures.

1.° Afin d'assurer que les choses présentées ont été réellement fabriquées en France, il serait nécessaire que les productions destinées à concourir, fussent marquées en cours de fabrication par l'autorité publique.

2.° Comme le jugement à porter sur le mérite d'une fabrication dépend du prix autant que des qualités matérielles, il serait nécessaire que le prix courant de chaque chose destinée à l'exposition, fût déclaré et affirmé par des experts nommés *ad hoc* par les magistrats locaux.

3.° Comme les résultats d'une fabrication habituelle qui alimentent un commerce, méritent plus de faveur que des *tours de force*, qui n'attestent souvent que l'adresse et la patience d'un individu, et n'apprennent rien sur l'industrie d'une contrée, il faudrait que chaque chose présentée au concours fût accompagnée d'une déclaration authentique qui apprendrait si cette chose est le produit d'une fabrication courante, si elle est un objet de commerce, ou si elle est simplement une de ces productions isolées auxquelles on donne quelquefois le nom de *chef-d'œuvre*.

L E deux vendémiaire an dix , le ministre de l'intérieur présenta aux Consuls les citoyens composant le jury, et les manufacturiers à qui ce jury avait décerné les médailles.

L'un des membres du jury, chargé de porter la parole, s'exprima en ces termes :

### CITOYENS CONSULS,

« Nous vous présentons les résultats de l'examen des produits de l'industrie française, exposés au palais des sciences et des arts pendant les jours complémentaires de la neuvième année de la République.

» Cette exposition solennelle et mémorable doit calmer toute inquiétude sur le sort futur de notre commerce; elle doit imposer silence à ceux qui se plaisent à proclamer la perte de l'industrie française.

» Plusieurs arts dans lesquels les Français ne connaissent pas de rivaux, y ont montré leurs productions; telles sont la typographie, la fabrique des porcelaines, celle des tapisseries, des meubles, des draps.

» Des arts qui nous manquaient se sont établis. De tous côtés on voit les efforts de l'industrie couronnés par le succès; de nouvelles machines sont inventées; les lois de la chimie et les substances qu'offre notre sol, sont appliquées à la production d'objets desirés dans le commerce.

» L'institut national jugea nécessaire, il y a quelques années de proposer un prix pour le perfectionnement de nos poteries ; nous avons la satisfaction de vous annoncer que plusieurs fabriques en ont présenté à notre examen d'aussi belles qu'on en ait jamais fabriqué dans aucun autre pays.

» Des filatures de coton, des fabriques de cotonnades se sont élevées dans divers départemens, et y prospèrent.

» Des fabriques de faux, de scies, de limes et de tous les objets qui, sous le nom de quincaillerie, forment une branche importante de commerce, se sont établies en France.

» En général, nous avons remarqué une amélioration sensible dans les choses dont la fabrication exige de la précision, et dans celles qui dépendent de la chimie ou qui supposent la connaissance du dessin.

» Les départemens de la Seine, de la Seine-inférieure, de la Somme, de l'Eure, de l'Aube, de Seine-et-Marne, de Seine-et-Oise et de la Moselle, se sont particulière-ment distingués par la beauté des productions qu'ils ont montrées au public.

» Les linons, les batistes, les dentelles, les gazes des départemens de l'Aisne, du Nord, de la Dyle, &c., soutiennent complétement leur réputation : nous pouvons vous assurer que cette industrie précieuse sera encore long-temps une propriété exclusive de la nation française.

» Nous avons vu de belles soieries fabriquées à Tours : nous regrettons infiniment que Lyon n'ait rien envoyé ; cependant, des ouvrages du plus grand prix sortis de cette fabrique ont été exposés par le C.<sup>en</sup> *Vacher*, négociant de Paris, distingué par le bon goût qui préside à ses commandes.

» C'est avec le même regret que nous gardons le silence sur les manufactures des départemens du Gard, de
l'Hérault, de l'Aude, du Lot, de Vaucluse et d'autres
départemens du midi célèbres par leur industrie, qui n'ont
pas répondu à l'appel du ministre de l'intérieur.

» Citoyens Consuls, une exposition annuelle des produits de l'industrie nationale, est une institution du plus
haut intérêt : elle fomente l'émulation des fabricans; elle
augmente leur instruction ; elle forme le goût des consommateurs, en leur donnant la connaissance du beau; c'est-
à-dire qu'elle développe les causes les plus sûres et les plus
énergiques du progrès des arts. »

A la suite de ce discours, les artistes et fabricans
auxquels le jury avait décerné les médailles d'or,
d'argent et de bronze, ont été successivement ap-
pelés, et le ministre de l'intérieur leur a remis les
médailles.

Fait et arrêté à Paris, au palais des sciences et
arts, le 3 vendémiaire an 10 de la République.

*Signé* VINCENT, PÉRIER, J. MONTGOLFIER,
MÉRIMÉE, L.-B. GUYTON-MORVEAU, PRONY,
RAYMOND, BARDEL, MOLARD, SCIPION PERIER,
L. COSTAZ, BERTHOUD, BERTHOLLET, BOSC,
BONJOUR.

Vu le procès-verbal ci-dessus, le ministre de
l'intérieur ordonne qu'il sera imprimé à l'Imprimerie de la République et envoyé, conformément

à l'article VIII de l'arrêté des Consuls du 13 ventôse, aux préfets des départemens.

Ordonne de plus qu'il en sera adressé un exem-
plaire à chacun des artistes et fabricans auxquels le
jury des arts a décerné des médailles ou des men-
tions honorables.

Paris, le 24 vendémiaire an 10 de la République.

*Le Ministre de l'intérieur,*

*Signé* CHAPTAL.

www.ingramcontent.com/pod-product-compliance
Lightning Source LLC
LaVergne TN
LVHW020446060726
842525LV00005B/1564